AF586482

DÉPARTEMENT DE LA GIRONDE. — ENSEIGNEMENT AGRICOLE.

LETTRES

ADRESSÉES

A MESSIEURS LES PROPRIÉTAIRES RURAUX ET CULTIVATEURS

DU DÉPARTEMENT DE LA GIRONDE.

X.[me] LETTRE (1855).

—

Théorie et pratique du Drainage.

(Ces Lettres ou Instructions, sur les principaux sujets de l'Agriculture de la Gironde, sont rédigées et distribuées annuellement conformément aux intentions de l'Administration départementale et au moyen d'une subvention spéciale votée pour cet objet).

1860

« ..... Et d'autant que le vice du trop d'eau, excède en » malice, et celui des ombrages, et celui des pierres....; plus » qu'à ceux-ci faut-il aussi employer de labeur pour y remé- » dier ; dont finalement le profit, pour récompense, en sort » plus grand que de nulle autre réparation qu'on puisse faire » à la terre, tant fructueuse est celle qui la despestre des » eaux malignes : car non seulement par là, les terres trop » humides sont amendées, ainsi les marécages et palus sont » convertis en exquis labourages ».

(Olivier de Serres : *Le Théâtre d'agriculture et mesnage des champs*).

Grand nombre de détails, sur le sujet i portant qui va nous occuper, ont été fournis à plusieurs reprises, par *L'Agriculture*, recueil mensuel publié depuis *quinze ans*, sous la direction du Professeur d'Agriculture, chargé de l'inspection agricole du département de la Gironde, et tout-à-fait spécial aux méthodes rurales des départements du bassin de la Garonne. — On souscrit à *L'Agriculture*, au prix de 12 fr. par an, aux librairies Th. Lafargue et Ch. Chaumas, à Bordeaux, et aussi en s'adressant au Professeur d'Agriculture.

DÉPARTEMENT DE LA GIRONDE. — ENSEIGNEMENT AGRICOLE.

LETTRES

ADRESSÉES A MESSIEURS LES PROPRIÉTAIRES RURAUX ET CULTIVATEURS, PAR LE PROFESSEUR D'AGRICULTURE, CHARGÉ DE L'INSPECTION AGRICOLE DU DÉPARTEMENT DE LA GIRONDE.

DIXIÈME LETTRE (1).

Théorie et pratique du Drainage.

» Tantôt son bras actif desséchant des marais,
» De leurs dormantes eaux délivre les guérêts ».

(VIRGILE : *Géorg.*, ch. 1.)

MESSIEURS,

En 1849, nous eûmes l'honneur de vous entretenir de la nécessité d'égoutter et d'assainir les terres. Alors nous ne pouvions vous parler encore que des moyens ordinaires employés pour ces sortes d'opérations : fossés, rigoles, canaux, etc.; aujourd'hui, la science et la pratique ont porté sur ce point capital de très-grandes améliorations et un art tout nouveau, sous le nom de *drai-*

(1) Dans ces lettres, nous avons successivement traité des sujets suivants. 1848, *culture du trèfle*; 1849, *assainissement des terres*; 1850, *prairies naturelles*; 1851. *engrais*; 1852, *labours*; 1853, *culture de la luzerne*; 1854, *culture des fourrages-racines*.

nage, est venu offrir à l'agriculture un concours d'autant plus précieux qu'en l'employant, il ne s'agit plus seulement des résultats avantageux qu'assure l'écoulement des eaux nuisibles; mais aussi et à un égal degré peut-être, d'autres résultats non moins précieux, dus à l'usage de moyens plus sûrs et plus complets d'assurer cet écoulement.

Comme d'habitude, nous ferons tous nos efforts, pour mettre dans un sujet qui pourrait se prêter à de longs développements, toute la concision et toute la méthode possibles.

I.

DES AVANTAGES DE L'EAU ET DES DANGERS DE SON EXCÈS POUR LA VÉGÉTATION.

L'auteur de la vie d'Esope rapporte qu'un jour ce fabuliste célèbre, alors esclave, reçut de son maître, l'ordre de servir sur sa table, tout ce qu'il y avait de meilleur, et qu'il n'y présenta absolument que des langues, accommodées d'une infinité de manières; que le lendemain ayant reçu l'ordre de servir tout ce qu'il y avait de pire, il agit de la même manière, et n'offrit encore aux convives de Xantus, que des langues pour tous mets.

Les considérations qui faisaient agir ainsi Esope sont absolument les mêmes qui nous conduisent à reconnaître que l'eau, quand elle ne dépasse pas les proportions voulues, est le plus énergique et le plus indispensable agent de la végétation; tandis, également, qu'elle devient, pour cette même végétation, quand elle se rencontre en excès, l'obstacle le plus direct, celui dont il faut le plus se hâter de la débarrasser.

Dans une juste proportion, selon le climat, la saison, l'espèce de la plante, la nature de la terre, etc..... l'eau assure les précieux avantages qui suivent.

1.° Elle maintient, dans la terre, une fraîcheur relative qui l'empêche de s'échauffer et de se dessécher au degré qui serait, sans ce concours, la conséquence nécessaire des chaleurs, notamment de l'été et de l'automne ;

2.° Elle fait pénétrer et charrie, dans le végétal, les matières diverses qui le nourrissent et que celui-ci ne peut accepter qu'à l'état de dissolution complète dans un liquide, ou à l'état de gaz (1) ;

3.° Elle réside dans le même végétal plus ou moins longtemps, comme eau de végétation ; une portion même entre dans sa nature, comme principe constituant et en s'y combinant.

4.° Elle agit aussi comme corps humectant; comme dilatant d'une manière mécanique les organes des végétaux ; comme leur donnant de la souplesse et de l'élasticité.

Mais quand l'eau se trouve en excès, quand la terre en reste constamment imprégnée, quelle que soit sa nature, quelle que soit la saison, il faut lui attribuer les résultats qui suivent :

1.° Elle peut rendre, selon le cas, cette terre ou tout-à-fait improductive, ou propre seulement au développement de plantes souvent sans valeur; ou peu favorable au genre de production que les autres circonstances et les convenances de la culture prescrivaient de lui imposer ;

2.° Elle peut la rendre d'un travail difficile, réduire les moments où ce travail est possible, quelquefois même y mettre un obstacle complet ;

3.° Elle peut retarder l'époque de son ensemencement ;

(1) Un corps est dissous dans un liquide lorsqu'il a disparu sans en troubler ni la limpidité, ni la transparence, comme le sucre dans l'eau. On donne le nom de gaz à des substances qu'on ne voit pas, comme l'air.

rendre plus long et plus laborieux le travail de maturation des produits qu'on en attend ; compromettre la quantité et la qualité de ces produits ;

4.° S'il s'agit de prairies, elle peut y faire dominer des herbes qni font le mauvais foin, le foin aigre, acide. — S'il s'agit de céréales, elle peut en compromettre le succès, nuire â l'abondance et à la qualité du grain. — S'il s'agit de vignes, elle peut devenir un obstacle complet à son développement et à sa durée; car, comme on le dit parmi nous :

La vigne n'aime pas à avoir les pieds dans l'eau.

II.

DE L'ORIGINE DE L'EAU QUE L'ON TROUVE DANS LES TERRES, DE SON ÉTAT, DES CAUSES QUI PEUVENT EN FAIRE VARIER LA QUANTITÉ.

D'une manière générale, c'est dans les pluies qu'il faut voir l'origine de toutes les eaux existantes, tant à la surface de la terre que dans ses profondeurs plus ou moins considérables.

Cependant, en culture et par rapport à la terre arable seulement, à la terre qui intéresse les plantes auxquelles nous donnons nos soins, il est également juste de dire que l'eau que l'on rencontre dans cette terre peut provenir, non-seulement des pluies, mais encore des sources et aussi des réservoirs voisins, tels que ruisseaux, rivières, lacs, etc... susceptibles de les diriger par infiltration vers des lieux moins élevés et d'ailleurs disposés pour les recevoir.

La météorologie démontre que, pour chaque contrée déterminée et d'une manière générale, il est une quantité d'eau annuelle fournie par les pluies, et qui ne varie que dans des limites assez étroites.

Pour la Gironde, en particulier, cette quantité paraît être de $0^{m}659,1$; c'est-à-dire que si toute l'eau qui tombe sur la surface de notre sol, depuis le 1er Janvier jusqu'au 31 Décembre, y restait, il y en aurait une hauteur de $0^{m}659,1$ (1).

« L'eau paraît exister sous deux états, dans les terres... Dans le premier état elle est unie chimiquement; et dans le second, retenue seulement par l'attraction moléculaire (2) ». L'eau combinée chimiquement ne peut ni servir à la vie des plantes, ni encore moins leur nuire ; à moins toutefois que la décomposition des matières organiques ou inorganiques du sol dont elle faisait partie, ne lui rende la liberté. L'eau simplement retenue, contenue dans la terre, par les lois physiques qui président à l'état des liquides, est la seule dont l'action peut s'exercer sur les végétaux ; la seule qui puisse les favoriser par ses justes proportions, ou leur nuire par son abondance, ou par toute autre cause.

Quelle que soit la nature de la terre, sa couche superficielle, celle que l'on qualifie de couche arable ou labourable; celle que l'on peut qualifier aussi de couche active, à cause de son action immédiate sur les plantes, est toujours plus ou moins perméable; c'est là d'ailleurs un des buts essentiels des façons que nous lui donnons, des travaux divers dont nous la rendons l'objet incessant.

---

(1) Ce qui ferait, par mètre carré, 6 hectol. 591 et, par hectare 65,910 hectol. Enfin si l'on divisait cette dernière quantité par 2,28, pour avoir des barriqnes :

$$\frac{65,910}{2,28} = 28,907.$$

On aurait 28,907 barriques par hectare.

(2) Sir Humphry Davy : *Chimie appliquée à l'agriculture.*

Cette eau pénètre par leurs racines, monte dans leurs tiges et dans leurs branches et vient enfin dans leurs feuilles, d'où elle se dégage dans l'air sous forme de vapeur (1).

Bien que ce dégagement échappe à nos sens, il n'en est pas moins considérable et nous devons admettre comme autant de preuves de sa réalité : d'abord le sentiment de fraîcheur que l'on éprouve l'été sous des arbres touffus, puis, en grande partie aussi, ces gouttelettes d'eau dont se montrent couvertes le matin, les feuilles des plantes herbacées (2).

Des expériences extrêmement curieuses tentées par le physicien Halles, ont démontré, par exemple, que le plante nommée Tournesol ou soleil (*Helianthus annuus*) transpirait, à surfaces égales, 3 fois 1/2 plus qu'un homme, et, à masses égales, 17 fois plus qu'un homme.

M. de Gasparin, se fondant sur les observations de Halles qui établissent en outre qu'un mètre carré de feuilles de vigne, évapore en douze heures, 0 kil. 146 d'eau, et d'après les siennes propres, la moitié en sus pour la nuit, soit 0 kil. 219 par vingt-quatre heures, est arrivé aux résultats curieux qui suivent.

---

(1) « Nous ne pourrions apercevoir la vapeur qui s'échappe de la » surface des plantes, pas plus que nous ne voyons celle qu'exhalent » les animaux, à moins que l'atmosphère ne soit assez froide pour la » condenser; mais nous savons que chez l'animal, comme chez la » plante, la transpiration s'opère constamment; et il paraîtrait qu'elle » est même plus abondante chez l'une que chez l'autre. Si on place » sous un globe de verre une plante chargée de feuilles, et qu'on ex- » pose le tout au soleil, les parois intérieures du vase se couvriront » promptement d'une rosée produite par la condensation de la trans- » piration insensible du végétal ». (John Lindley : *Théorie de l'horticulture*).

(2) « On avait cru jadis que ces gouttelettes d'eau, très-visibles aux » premiers rayons du soleil levant, étaient déposées par la rosée; » mais Mussenbroeck a le premier démontré qu'on les trouve aussi » sur les plantes abritées, et qu'elles doivent être rapportées à l'ac- » tion du végétal vivant ». (De Candolle : *Physiologie végétale*).

» Nous avons trouvé, dit-il, que la vigne sur laquelle nous faisions nos observations, avait 120 feuilles par cep moyen ; la surface moyenne des feuilles, était 0^m 05 carrés; elles représentaient toutes ensemble 6^m 00 ($120 \times 0{,}05 = 6{,}00$) et leur évaporation était de 0 kil. 1314. La vigne contenait 4,000 ceps par hectare, qui faisaient ainsi une consommation journalière d'eau de 525 kilog. ».

Maintenant si, poussant ce calcul plus loin, nous faisons remarquer que la vigne jouit de la totalité de ses feuilles, organes essentiels de la transpiration, depuis le 1er Mai jusqu'au 31 Octobre, c'est-à-dire durant 184 jours, nous avons, pour la somme totale de l'eau enlevée à la terre annuellement par cette plante: 96,600 kil. ($184 \times 525 = 96{,}600$) par hectare, ou 96,600 litres (le litre pesant 1 kil.) ou 966 hectol.

Ce que nous disons pour la vigne, ce que des observations du plus haut intérêt nous ont permis de traduire en chiffres, a lieu pour toutes les autres plantes que nous cultivons. Toutes transpirent, toutes enlèvent à la terre, par leurs racines, l'eau qui se dégage ensuite de leurs feuilles, sous forme de vapeur. Et, s'il arrive que la terre comme dans les longues sécheresses, ne puisse pas fournir cette eau, les feuilles des plantes se flétrissent, se dessèchent et finissent par tomber. C'est ce que nous voyons trop souvent, à la fin de l'été, notamment pour les tilleuls, les marronniers, etc...

2.° *L'évaporation directe de la terre.*

La terre a, par elle-même, une puissance d'évaporation extrêmement prononcée quoique subordonnée, comme on le comprendra facilement, à sa qualité, à son exposition, à la température de l'air, aux vents qui règnent, etc....

A cet égard, nous ferons remarquer avec quelle facilité nos terres se dessèchent en été surtout, mêmes après des pluies longues et abondantes; combien elles perdent rapidement l'humidité qu'elles avaient acquise, et dont il ne nous est pas dès-lors possible de profiter pour des semis que nous aurions à faire.

Un célèbre physicien, Curwen, prétend s'être assuré qu'il s'évapore, en une heure, d'un hectare de terre fraîchement labouré, 11 hect. 87 d'eau : ce qui ferait, pour 24 heures, 284 hecto. 88 ($11,87 \times 24 = 284,88$). Il est vrai que la puissance d'évaporation diminue à mesure que la terre se dessèche.

On comprend du reste facilement, que trois causes essentielles sont capables d'influer sur la puissance d'évaporation d'une terre : la nature de la terre, le climat, la saison.

Des observations, encore bien incomplètes il est vrai, ont été faites dans différentes localités pour s'assurer de la marche quotidienne de l'évaporation de l'eau. Nous-même, depuis quelques années, nous nous sommes assujetti, pour la Gironde, à de semblables observations et, bien que ces dernières n'aient pas encore le caractère d'authenticité nécessaire, néanmoins, elles pourront nous fournir quelqu'utile renseignement.

Ainsi, nous avons trouvé que pendant l'année météorologique 1853-54, les rapports de l'eau tombée, sous forme de pluie, et de l'eau évaporée, dans un vase ou évaporomètre constamment plein d'eau, ont été les suivants :

Hauteur d'eau tombée.	$0^m727,1$
Hauteur d'eau évaporée.	1 281,0 (1).

(1) Le Père Cotte, célèbre météorologiste, avait avancé que l'évaporation de l'eau, à Bordeaux, était annuellement de $2^m043,7$. Mais tout porte à croire, ainsi que le fait remarquer M. de Gasparin, qu'il y avait erreur dans ces chiffres, qu'ils étaient beaucoup trop exagérés

Mais, pour ce qui nous occupe, il ne s'agit pas de l'évaporation directe de l'eau, librement exposée au contact de l'air, mais de celle de l'eau contenue dans la terre et transmise à celle-ci par la pluie.

Or, pour ce qui regarde cette dernière, des observations faites à Genève, par M. Maurice; à Orange, par M. de Gasparin; en Angleterre, par MM. Dalton et Dickinson, tendent à établir qu'une surface d'eau, est à une surface de terre mouillée, par rapport au pouvoir d'évaporation :: 3 : 1.

Elles tendent à établir également que la terre, par l'évaporation, perd en moyenne, sur 100 d'eau que lui ont donné les pluies, 0,69,5, ou près des deux tiers : soit 70 p. 100 en compte rond.

Ainsi, durant l'année 1853-54 et d'après les bases ci-dessus exposées, sur $0^{m}727,1$ d'eau de pluie reçue par les terres de la Gironde, l'évaporation a dû en enlever $0^{m}484,6$.

Nous emprunterons plus tard de nouvelles applications à ces chiffres.

3° *L'écoulement dans les couches inférieures du sol.*

Nous avons déjà mentionné ce moyen, en disant que l'eau qui peut en user, eu égard à la nature et à la disposition du sous-sol et des autres couches inférieures de la terre, va former les réservoirs qui alimentent ensuite les sources et les fontaines.

4° *L'éloignement enfin par le fait des pentes, dépressions, etc.*

Ce moyen est aussi trop commun et trop connu, pour qu'il soit nécessaire de s'y arrêter.

Seulement, faisons remarquer qu'il n'a pas uniquement lieu à la surface supérieure de la terre cultivée; mais que bien souvent il se produit sur le sous-sol, quand celui-ci est imperméable, quand il offre des déclivités que l'eau peut suivre avec plus ou moins de facilité.

Dans les landes, par exemple, le fait est commun, et la plupart des cours d'eau qui parcourent ces contrées, n'ont pas d'autre origine que l'eau qui glisse, après avoir traversé le sable supérieur, sur l'*alios*, et va s'épancher là où les accidents du terrain ont déterminé une excavation quelconque. La plupart des sources de nos contrées glissent sur le calcaire : la première couche véritablement imperméable de notre système de formation géologique.

Tous ces moyens, on le voit, sont l'œuvre de la nature, et l'homme, en intervenant dans cette grave matière, a pu ajouter beaucoup, il est vrai, à plusieurs d'entr'eux, mais ce qu'il a créé, c'est cette nature qui lui en avait donné l'exemple, qui lui en avait fait comprendre la valeur.

Ainsi, et ce sont là les moyens artificiels ou industriels employés pour l'égouttement des terres, il a eu recours :

1° Au nivellement, au billonnage, etc. des terres;
2° Aux fossés, rigoles couvertes ou non ;
3° Enfin, au drainage.

Jetons un coup-d'œil rapide sur tous ces moyens, avant de nous arrêter sur le dernier, but essentiel de tout ce que nous avons déjà dit, et de tout ce qui nous reste encore à dire.

1° *Nivellement, billonnage des terres, etc...*

Niveler une terre, lui donner les pentes nécessaires à l'écoulement des eaux qui se fixeraient sur sa surface, sont autant de pratiques dont tout le monde sent la nécessité et comprend la facilité; ce qui n'empêche pas néanmoins qu'elles sont assez rares, dans une contrée surtout où les défauts de la charrue employée, la nature du sol, etc..., devraient les recommander d'une manière toute particulière (1).

Le billonnage, ou disposition de la terre en billons étroits et élevés, formés de quatre tours de charrue et quelquefois de deux seulement, comme dans la lande, est encore un usage très-répandu dans une grande partie de l'Europe, et principalement dans notre Sud-Ouest.

Les exigences qui ont forcé à y recourir, qui en ont dès-longtemps démontré l'avantage, sont faciles à saisir. D'abord c'est la nécessité de mettre à l'abri de l'humidité la récolte d'hiver, le blé, la seule que connut l'ancienne agriculture; puis aussi, celle de préserver cette même récolte des dommages que ne manqueraient jamais, sans cela, de lui faire supporter des froids vifs, des gelées, venant immédiatement après des pluies qui auraient pénétré la terre, et sans être accompagnés par la neige (2).

2° *Fossés, rigoles couvertes* ou *non, etc...*

Tout cela est encore parfaitement connu, et tout cela a déjà fait, de notre part, le sujet de plusieurs publications.

Dès la plus haute antiquité, on a eu recours aux fossés et rigoles d'écoulement.

---

(1) Nous savons tous en effet, que l'imperfection du versoir de notre charrue locale, et l'habitude dans laquelle nous sommes de labourer constamment dans le même sens, font que nos terres se creusent au milieu pour se relever aux deux extrémités et former ainsi un bassin à retenir l'eau.

(2) Nous avons ailleurs, traité ce sujet important, en faisant remarquer qu'il s'agissait avant tout d'une question de climat, et en faisant remarquer aussi comment la nécessité, pour nous, de songer à d'autres récoltes que celles d'hiver, jointe aux progrès de l'agriculture moderne, nous permettaient de nous départir un peu de l'observation trop rigoureuse de cette manière de procéder.

(IVme Lettre à MM. les propriétaires ruraux et cultivateurs).

Il y a bien longtemps aussi, témoin les écrits de Columelle et de Palladius, chez les Romains, d'Olivier de Serres, chez les Français, etc..., que la construction des fossés couverts est connue et employée. Ce dernier auteur, notamment, dont l'ouvrage restera à jamais une des gloires de notre pays, en parlait en ces termes, dès le commencement du XVIme siècle. « Ces fossés, et grands » et petits, seront à demi remplis de menues pierres, et » le demeurant achevé de combler de la terre qui en aura » été tirée auparavant, dont on le réunira par le dessus » avec le plan, si bien, que la trace même n'y paraisse, » pour la commodité du labourage... »

3° *Drainage.*

Le drainage : c'est une nouvelle manière, une manière bien plus perfectionnée, bien plus sûre, bien plus précise, bien plus durable de pratiquer les saignées couvertes ; une manière qui paraît, en outre, assurer à la terre des avantages physiques et chimiques d'une très-haute importance ; une manière enfin que nous allons exposer dans tous ses détails.

IV.

LE DRAINAGE PROPREMENT DIT. — DISPOSITIONS RELATIVES A SON ÉTABLISSEMENT.

En anglais, le mot *drainage* est l'équivalent des mots français *égouttement* et *assainissement* des terres. Il signifie les travaux divers exécutés dans une contrée essentiellement humide, pour éloigner des terres l'une des causes les plus ordinaires de leur infertilité. Dans notre langue, ce mot a perdu beaucoup de sa généralité, et sert spécialement à désigner le mode d'égouttement qui se pratique aujourd'hui, à l'aide de tranchées et de tuyaux souterrains en terre cuite et de formes et volumes divers.

« En réalité, et comme le dit un de nos savants et honorés confrères (1), le drainage est en quelque sorte, pour le sol, un appareil circulatoire et respiratoire. Cet appareil se forme à l'aide de veines artificielles, représentées par des tuyaux de terre cuite, de quelques centimètres de diamètre, *aboutés* les uns aux autres, et placés au fond d'une même tranchée recouverte ».

L'application de ce mode d'égouttement des terres, de ce moyen puissant d'amélioration foncière, implique un certain nombre de points qui doivent être traités séparément, et qu'il convient de disposer entre eux avec méthode.

A. *Étude du terrain.* — Lorsque l'aspect, la nature, l'état habituel d'une terre, etc..... ont fait juger que le drainage devait lui être appliqué, la première chose à faire, c'est de procéder à son arpentement, afin d'être fixé sur sa contenance, et à la levée de son plan, afin de bien connaître l'état de sa surface, ses points élevés, ses points relativement bas, et la direction de ses pentes.

Tout cela constitue un art assez compliqué que peu de monde, en dehors des hommes spéciaux, connaît à fond, mais dont les principes généraux, les applications les plus usuelles sont cependant assez répandus pour croire qu'on ne sera pas arrêté par cette première exigence (2).

Nous savons bien que l'on peut à la rigueur agir sans de telles études préalables, comme trop souvent on élève

---

(1) De M. J. Morière, prof. d'agr. du dép. du Calvados : *Conférences sur le drainage, etc...*

(2) On trouvera d'ailleurs, dans les ouvrages spéciaux et notamment dans l'excellent *Manuel du drainage, par M. J. A. Barral*, pages 370-423, tout ce qu'il peut être nécessaire de savoir à cet égard.

une maison sans en avoir arrêté le plan ; néanmoins, nous croyons beaucoup plus prudent d'agir différemment, surtout lorsqu'il s'agit d'entreprises majeures, et nous reconnaissons, avec l'auteur cité dans la note ci-dessus que, « pour se rendre compte de la possibilité des travaux de drainage, pour savoir dans quelle direction ils doivent s'effectuer, pour fixer la direction de l'évacuation des eaux, pour se préparer à surmonter toutes les difficultés légales..., pour se rendre compte enfin des dépenses dont on va se charger, il faut opérer *la levée du plan du terrain*, et en effectuer *le nivellement.* »

Après cette étude de la surface de la terre, il faut également et plus impérieusement encore, procéder à l'étude de sa constitution intérieure. Il faut s'assurer du nombre, de la nature, de l'épaisseur, du degré d'inclinaison, etc., des couches diverses qu'elle peut admettre; il faut rechercher quelle peut être l'influence de tout cela, sur la possibilité plus ou moins grande d'égouttement de cette terre, sur les facilités plus ou moins grandes aussi qu'il peut y avoir à assurer cet égouttement par le drainage.

A part nos terrains d'alluvion, proprement dits, reposant ordinairement sur un sous-sol très-perméable, composé de sable et de cailloux, presque tous les autres ont pour sous-sol plus ou moins prochain, des couches au travers desquelles l'eau a les plus grandes peines à se faire jour et qui retiennent par conséquent ce liquide en contact permanent avec les racines des plantes, souvent les moins développées et les moins disposées à prendre de l'extension dans le sens vertical.

Ainsi, sur nos plateaux élevés, c'est une argile colorée en brun ou de tout autre nuance, par l'oxide de fer ; presque toujours très-dure et très-compacte ; souvent c'est un agrégat de fragments siliceux encore plus dur et aussi imperméable que la pierre. Sur le penchant des coteaux, bien souvent c'est aussi l'argile, c'est la marne, quelquefois la pierre, à peine recouverte par quelques centimètres de terre végétale. Dans la formation diluvienne dite *graves*, c'est, en quelque sorte sans ordre et comme au hasard, l'argile, la marne, le calcaire ou le grès à ciment ferrugino-organique et de friabilité extrêmement variable, désigné dans la localité sous le nom d'*alios*. Dans les landes, c'est ce même grès établi presque partout. Enfin dans les palus, ce sont, selon les situations, ou des couches d'argiles bleuâtres, verdâtres, etc., ou des couches de tourbes grasses et spongieuses, reposant sur ces mêmes argiles.

Pour bien s'assurer du niveau que peut atteindre l'eau dans une terre, retenue par de tels sous-sols, il suffit d'ouvrir de petites tranchées transversales d'un à deux mètres de profondeur sur plusieurs points du champ que l'on étudie et de constater plus tard, après des jours pluvieux, à quelle hauteur, à quelle distance de la surface du sol, l'eau y a fixé son niveau.

On comprend que ce moyen est encore bon, pour se fixer également sur la hauteur qu'est susceptible d'atteindre l'eau qui serait le résultat de quelque source sous-jacente, ou de l'infiltration de quelque réservoir voisin, du genre surtout de ceux qu'entretiennent les moulins à eau, trop souvent au grand préjudice de l'agriculture et de la salubrité.

B. *Profondeur à donner aux drains.* Sous l'influence des indications acquises par les recherches ci-dessus signalées, on arrive à comprendre, d'une manière générale, quel est le degré de nécessité du drainage et à quelle profondeur il conviendra de l'établir.

Relativement à cette dernière condition, on fera attention qu'un défaut notable de profondeur, moins de $0^{m}90$, exposerait les tuyaux à être dérangés par le piétinement des auimaux ; que d'ailleurs, ils gêneraient l'action des instruments aratoires et contrarieraient même le développement des racines. On fera attention aussi qu'un excès également notable, dans cette profondeur, augmenterait sensiblement la dépense et pourrait même porter l'effet du drainage dans une zone de terre qui ne serait plus celle sur laquelle on aurait eu intérêt à agir.

Heureusement qu'à cet égard, l'expérience semble avoir prononcé, démontrant, dans le plus grand nombre de cas, que les drains devaient être posés à une profondeur de 1 mètre à $1^{m},50$ au plus.

Cette profondeur fondée, plus encore peut-être sur des considérations se rattachant au développement des racines des plantes cultivées, qu'aux circonstances particulières à la terre, se trouve limitée dans la propriété de *Lavie*, chez M. Ch. de Bryas, au Taillan, près de Bordeaux, par $1^{m},10$ à $1^{m},20$, selon les circonstances et, à *Lagrange*, chez M. le comte Duchatel, en Médoc, par 1^{m}, à $1^{m},25$.

Au reste, une observation essentielle à présenter ici, c'est que le tuyau de drainage semble devoir reposer immédiatement sur la couche de terre, lorsqu'elle existe, qui met, la première, obstacle au passage de l'eau ; c'est qu'il doit pouvoir recevoir cette eau sur la surface même où elle tend à s'accumuler ; c'est-à-dire que, dans la première des propriétés ci-dessus nommées, nous l'avons vu, presque toujours, reposer sur la couche marneuse, ou argilo-marneuse, capable effectivement de retenir l'eau.

Là où la couche imperméable n'est pas de nature tranchée, il est un point, néanmoins, où le tassement, la dureté qui en résulte, mettent aussi obstacle au libre passage de l'eau.

C. *Direction à donner aux drains.* D'une manière générale, la direction à donner aux drains, est indiquée

par les pentes du terrain et, la seule considération qui puisse conduire, dans quelques cas, à modifier cette indication, c'est la situation du point vers lequel il est possible ou avantageux de diriger les eaux dont on veut se débarrasser.

D. *Pente* ou *degré d'inclinaison à donner aux drains.* Ici, encore, on comprend que c'est le degré d'inclinaison des pentes qu'offre le terrain, lui-même qui détermine avant tout celle à donner aux drains; puisqu'il est convenable que ceux-ci conservent toujours le même parallélisme, avec la surface du sol sous lequel ils se trouvent placés.

Toutefois, il est des pentes telles qu'elles exposeraient la rigole à être ravinée par l'eau et occasionneraient ainsi le dérangement et la mise hors fonctions des tuyaux.

Dans ces sortes de cas, on peut procéder comme pour les labours que l'on n'ose faire exactement dans le sens d'une pente trop rapide; on peut faire suivre aux drains une direction plus ou moins oblique et racheter ainsi ce qu'a de trop prononcé, de trop désavantageux le terrain, au point de vue dont il sagit.

L'expérience a également démontré que la pente à donner aux tuyaux de drains et par conséquent au sol des tranchées dans lesquelles on les place, ne pouvait avoir ni moins de trois millimètres par mètre courant, ni plus de cinq centimètres et que cette pente devait être en raison directe de l'étendue des lignes de tuyaux.

E. *Espacement et longueur à donner aux drains.* Ce qui règle le degré d'écartement à donner aux drains c'est avant tout l'état de la terre à laquelle on veut les appliquer. Si cette terre est habituellement très-humide, si cette humidité est l'obstacle complet de son utilisation, alors les lignes de drains doivent être le plus possible rapprochées les unes des autres. Si au contraire l'humidité est moindre, si elle est en quelque sorte accidentelle, ce qui est, après tout, la vérité pour un très-grand nombre de cas, alors l'écartement des lignes peut être beaucoup plus considérable.

Dans son *Manuel du drainage*, M. Barral fait remarquer que les billons peuvent être un bon indice pour apprécier l'écartement à donner aux drains (1). D'une manière générale cela est vrai, et nous admettons avec cet honorable collaborateur, que ce mode de culture lui-même, est un témoignage positif de l'opportunité du drainage. Ainsi, il n'est pas douteux que dans nos terres plus ou moins fortes, supportant des billons de quatre tours de charrue, le drainage peut accepter un écartement qui ne serait plus admissible là où ces billons, comme dans la lande, ne sont plus que de deux tours de charrue seulement; là où on les voit presque tout l'hiver élever avec peine leur crête au-dessus de l'eau qui les presse de toute part.

Il est aussi certains genres de culture, comme la vigne particulièrement, qui commandent en quelque sorte ces distances, par la nécessité où l'on est de placer les drains dans ce que nous nommons la *rouille*, en laissant entre chacune de leurs lignes et suivant le cas, un, deux, trois, *platins* ou plus.

On a des exemples de drainages espacés de 10, 15, 20, 25 et 30 mètres, et de plus encore; mais il semble que, pour le plus grand nombre de cas, ce premier chiffre peut convenir.

Chez M. Ch. de Bryas, on avait d'abord placé les lignes de drains à 5 mètres de distance l'une de l'autre; plus tard on a prolongé cette distance jusqu'à 20 mètres.

(1) *Manuel du drainage*, p. 498.

Chez M. le c[te] Duchâtel, ces mêmes distances varient entre 8 et 15 mètres.

Quant à l'étendue en longueur qu'il est possible de donner aux drains, on comprend encore que rien de bien positif ne peut être dit sur ce point, aussi nous bornerons-nous, à cet égard, à reproduire les chiffres que donne M. Barral, à titre de renseignement et qu'il déduit cependant d'observations et de calculs assez nombreux.

Avec des tuyaux de		0m025	de diamètre.	. .	300 mètres.
—	—	0,045	—	. . .	600
—	—	0,060	—	. . .	1,200
—	—	0,075	—	. . .	1,900 (1).

V.

ÉTABLISSEMENT DU DRAINAGE.

Occupons-nous maintenant des opérations diverses au moyen desquelles on établit définitivement le drainage, sur une terre qui a préalablement donné lieu aux divers genres d'investigation qui précèdent.

F. *Outils nécessaires.* Les ouvrages qui traitent du drainage, et qui en traitent d'une manière complète, comme le manuel de M. Barral, font aussi la description des outils employés pour ce genre d'opérations. Ces outils, fort ingénieux d'ailleurs, ne sont pas tous également indispensables, et, dans l'intérêt de l'art du drainage et du bien qu'il est appelé à produire, il est heureux qu'il en soit ainsi.

Il n'est pas, dans la Gironde, d'exploitation qui ne

(1) *Manuel du drainage*, p. 446.

compte à peu près tous les outils employés à l'ouverture des fossés, depuis les plus larges jusqu'aux plus étroits; depuis ceux qu'il faut pratiquer dans les terres dures et rocailleuses, jusqu'à ceux que l'on doit établir dans les terres meubles et profondes. Ces outils peuvent parfaitement être employés pour les travaux de drainage; un surtout peut y être appliqué avec le plus grand succès : c'est cette petite bêche dont on se sert dans les environs de Bordeaux, et que l'on nomme *ferraye*. M. de Bryas, dès le début de ses opérations, avait fait venir des ouvriers belgès et une collection d'instruments propres à ouvrir les tranchées et à poser les tuyaux. « Bientôt les ouvriers du pays eurent acquis assez d'habilité pour exécuter ces travaux, sous la direction unique du propriétaire, et lui-même acquit la preuve qu'entre leurs mains, les outils de la localité fonctionnent avec plus d'avantage que ceux qu'il avait importés (1) ».

Néanmoins, il est des outils tout-à-fait spéciaux au genre de travail en question, et dont il serait difficile de se passer si l'on opérait un peu en grand. Parmi ces derderniers, plaçons en première ligne celui que l'on nomme *drague* ou *curette de fond*, destiné au nettoiement du fond des tranchées.

G. *Creusement des tranchées*. La largeur à donner aux tranchées à leur ouverture, dépend directement de deux conditions tirées, l'une de la profondeur qu'elles doivent avoir, l'autre de la nature de la terre dans laquelle on les établit.

Par rapport à cette première considération, on donne terme moyen, aux tranchées de drainage, quand elles doivent avoir 1 mètre de profondeur, $0^{m},60$ d'ouver-

---

(1) M. J. Ivoy, *Rapport à la Société d'Agriculture*, 2 Août 1855.

ture, quand elles doivent avoir 1^m,30 de profondeur, 0^m,80 d'ouverture, etc.

Par rapport à la seconde, on comprend que cette ouverture doit être d'autant plus large que la terre est plus meuble et plus facile à s'ébouler. C'est ainsi que quelquefois, il peut devenir nécessaire d'étançonner ces tranchées, comme cela se pratique pour les fondations des édifices.

Quand au fond, on lui donne une largeur de 0^m,10, ce qui permet encore aux ouvriers de pouvoir y placer leurs pieds l'un devant l'autre, quand ils ne veulent pas les poser un sur chaque talus.

Si la terre formant le fond de la tranchée, ne paraissait pas assez solide, on la pilonerait, soit en y marchant, soit de toute autre manière.

Enfin, sur toute la surface du fond de la tranchée, au milieu et à l'aide de la curette de fond, qui a pu servir également à enlever les portions boueuses qu'elle pouvait contenir, on trace, autant que possible, un léger sillon pour recevoir les tuyaux, et dans lequel ils se trouveront parfaitement assujettis.

H. *Posage des tuyaux* (1). Quand tout est bien préparé,

---

(1) On sait que les tuyaux sont de trois modèles principaux :

	Diamètre intérieur.	Longueur.
N.° 1. Petits tuyaux.	0^m,04.	
2. Tuyaux moyens. . . .	0 , 06.	0^m,33.
3. Gros tuyaux.	0 , 08.	

La meilleure manière de les éprouver, c'est d'en mettre dans l'eau un certain nombre, et de les y laisser quelques jours. S'ils sont bons, ils auront conservé leur solidité et leur sonorité ; s'ils sont mauvais, ils pourront aller jusqu'à se réduire en bouillie et ne raisonneront plus sous le choc d'un corps dur.

Deux causes peuvent amener ces résultats différents : la nature de l'argile employée et le degré de cuisson.

quand le fond des tranchées est bien nivelé, bien propropre, on procède au posage des tuyaux.

Cependant avant ce posage, il faut être fixé sur le calibre à employer. Le petit (N.° 1) est employé pour les tranchées qui ont peu de longueur, pour les terres que l'on suppose faciles à égoutter. Le moyen (N.° 2) est le plus généralement employé. Le troisième (N.° 3) sert à réunir les eaux de plusieurs lignes de drains qui ne peuvent aboutir directement à un fossé : on lui donne alors le nom de drain collecteur,

Un instrument bien simple, une perche assez longue pour atteindre le fond de la tranchée et munie à son extrémité d'une baguette lui donnant la forme d'une L, sert au posage. Chaque tuyau est pris successivement par cette baguette qui glisse dans son intérieur, et posé à l'endroit qu'il doit occuper, c'est-à-dire bout à bout, et en contact immédiat avec celui qui le précède. Il peut très-bien aussi y être mis à la main.

Pour consolider l'ensemble des tuyaux et empêcher leur dérangement, on a eu recours à ce que l'on a nommé des *manchons* ou *colliers*. C'est-à-dire à des portions de tuyaux assez gros pour recevoir les deux extrémités des autres, et les retenir ainsi solidement bout à bout.

Ces manchons peuvent avoir de la sorte une utilité réelle. Cependant il est aussi facile de comprendre qu'ils peuvent entraîner un grave désavantage. Ils sont cause que le tuyau, surtout si la terre est dure et compacte, ne porte dans toute sa longueur que sur ses deux extrémités, ce qui peut déterminer sa rupture. On comprend également que le placement de ces manchons exige un certain temps et quelques manipulations, qui en dernière analyse, compliquent l'opération.

Chez M. Ch. de Bryas, on ne fait usage que de demimanchons, c'est-à-dire, ces mêmes portions de tuyaux dont nous venons de parler, mais coupées en deux dans le sens de leur axe. Ces demi-manchons sont posés sur les tuyaux, au point de leur rencontre, et recouvrent l'intervalle qu'ils laissent entr'eux, comme les tuiles de nos toitures.

Il nous a semblé que ce mode de procéder était préférable. Ainsi, nous avons vu chez l'honorable propriétaire dont nous venons de parler, poser les drains aux fond des rigoles; recouvrir leur point de jonction avec un demi-manchon; mettre encore sur ce même point quelques fragments de pierre qui ne peuvent manquer de faciliter l'introduction de l'eau; consolider les premières couches de terre remises dans la tranchée, par le piétinement des ouvriers; enfin, achever de combler complètement cette tranchée, avec la terre qui en avait été extraite.

I. *De l'issue à assurer aux tuyaux.* Lorsque les rangs de tuyaux aboutissent directement à un fossé, rien n'est plus facile que d'assurer leur dégorgement dans ce fossé, en engagcant leur extrémité qui fait saillie, comme le tuyau d'une fontaine, entre deux briques échancrées, entre deux planches, ou dans une pierre percée.

Lorsque ces rangs de tuyaux ne peuvent ainsi arriver à un fossé, alors il faut les diriger sur un autre rang de tuyaux plus gros, qui reçoit alternativement leurs eaux, comme une rivière reçoit celle de ses affluents et que, par cette raison, on qualifie de drain collecteur.

Le drain collecteur destiné à remplacer un fossé, suit comme lui les points les plus bas du champ, et vient enfin aboutir au fossé affecté à l'évacuation des eaux du drainage.

Les rangs de drains se dirigent sur le collecteur, en formant avec lui un angle plus ou moins aigu, selon les exigences locales; des trous pratiqués dans ce dernier donnent accès à chacun d'eux, aux points de leurs jonctions.

Quant au collecteur, sa pose et les autres détails de son établissement, sont les mêmes que ceux que nous venons de décrire : seulement, ce sont des tuyaux d'un plus grand diamètre (N.° 3), et placés un peu plus bas, afin que les drains qui viennent lui porter leurs eaux aboutissent juste au niveau de leur axe.

Si les drains secondaires tombaient à angle droit sur le collecteur, il y aurait risque de voir celui-ci s'obstruer, par le sable que la parois directement opposée du collecteur arrêterait. Il en serait de même, si deux drains venant de directions opposées, aboutissaient au collecteur sur le même point. De là, la nécessité des rencontres obliques et alternes des drains secondaires avec le collecteur, de rencontres en arête de poisson.

Enfin, on est quelquefois forcé de défendre l'ouverture extrême du collecteur, au point de son dégorgement, avec une grille ou un fil de fer recourbé, de manière à former cette grille. On a recours à ces moyens si l'on craint que quelque animal, crapaud, grenouille, rat, etc... ne bouche cette ouverture ou le tuyau, en s'y introduisant et en y périssant.

VI.

EFFETS PHYSIQUES DU DRAINAGE.

Nous réunirons ici, pour les exposer d'une manière brève et méthodique, les effets physiques du drainage les mieux démontrés.

J. *Le drainage débarrasse la terre de l'excès d'eau.* — Sans revenir sur ce que nous avons déjà dit au paragraphe II ci-dessus, nous ferons remarquer que l'eau nécessaire à la végétation, celle qu'elle utilise et dont elle ne peut se passer, c'est l'eau que retient la molécule constituante de cette terre, selon sa nature particulière, selon sa capacité, plus ou moins grande pour ce liquide (1).

Si, indépendamment de l'eau ainsi retenue, il arrive qu'il y en ait habituellement d'autre, celle-ci devient nuisible. Or, il est facile de remarquer, et nous l'avons déjà dit, combien sont anciens et multipliés les moyens employés par l'agriculture pour se débarrasser de cet excès d'eau. A cet égard, ses préoccupations sont telles, qu'elle ne recourt jamais à l'irrigation, moyen dont la puissance est capitale sous notre climat, sans avoir tout disposé pour le facile écoulement de la surabondance des eaux employées; sans s'être assurée que la terre avait une perméabilité capable de lui permettre d'être traitée de la sorte.

Ordinairement, la couche supérieure du sol, à une profondeur qui varie selon sa nature et sa position, mais qui se trouve dans un trop grand nombre de cas beaucoup trop restreinte, se rencontre dans cet état d'égouttement favorable à la végétation, et l'utilité du drainage se révèle ici quand il augmente la couche de terre ainsi disposée, ou quand il l'établit complètement là où elle n'existait pas.

---

(1) Pour comparer les terres à ce point de vue essentiel, il est un moyen bien simple et que tout le monde peut employer.

Que l'on fasse des petits sachets en toile, capables de contenir 50 grammes de terre. Que l'on mette dans chacun d'eux 50 grammes de chacune des terres à expérimenter, bien sèches et exactement pesées. Qu'on plonge ces sachets dans de l'eau et qu'on les y laisse au moins quelques minutes; qu'on les retire, qu'on les suspende pour les faire égoutter et qu'on les pèse lorsque cet égouttement est fini. Immédiatement, par la différence du poids, on jugera de la quantité d'eau retenue par chaque espèce de terre, de son pouvoir hygrométrique.

De cette manière, les racines des plantes ont un plus grand espace à parcourir, avant d'atteindre la couche du sol où se fixe et où doit se fixer l'eau surabondante; leur existence souterraine devient plus puissante, au grand avantage de celle qui a lieu à l'extérieur, et qui procède toujours en raison de cette première (1).

---

(1) Quelques chiffres ne seront pas ici déplacés, pour faire comprendre quelle est la masse d'eau que le drainage peut être chargé d'évacuer.

Dans la Gironde, il tombe annuellement 0,m659,1 de hauteur d'eau, ce qui fait, par hectare, 6,591 m. c., ou. 65,910 hectol.
L'évaporation (v. p. 13) en enlève deux tiers.. 43,940

Reste à évacuer par les drains ou de toute autre façon. . . . . 21;970 h. p. hect.

Dans une visite que nous eûmes l'honneur de faire chez M. de Bryas, le 3 Mars 1855, comme membre d'une commission de l'Académie impériale des Sciences, et en compagnie de MM. Durand et de Lacolonge, nous constatâmes les faits suivants :

Une pièce de terre, semée en avoine, était drainée sur une étendue de 9 800 mètres carrés, et par un développement total de 21,413 mètres de drains. Le collecteur, chargé de débiter l'eau de tous ces drains, en fournissait ce jour, 3 mars, 57,600 litres ou 576 hectolitres par 24 heures.

Or, la pluie tombée, en février, était de. 101m,7
Celle des 1er et 2 mars, de. . . . . 11 ,6

Total. . . . . 113m,3, ou 1,110 m. cub., ou 11,100 hectol.
Enlevé par l'évaporation. 7,400

Reste à évacuer par les drains. . . . 3,700 hectol.

Or, pour que cette évacuation eût eu lieu par ce moyen seul, et pour qu'elle eût été complète, il eût fallu que le drain collecteur de

K. *Le drainage approfondit la couche arable et l'ameublit.* — Nous venons de voir que l'approfondissement de la couche arable est une des précieuses conséquences du drainage; nous pouvons ajouter que les travaux exigés pour la pose des drains, entre aussi pour quelque chose dans ce résultat avantageux.

Est-il nécessaire d'ajouter qu'un terrain plus profond et mieux égoutté, est toujours, toutes choses égales d'ailleurs, beaucoup plus meuble que celui qui n'a pas encore été mis en possession de tels avantages; que sa culture est plus facile, que les moments durant lesquels elle ne pourrait être entreprise, deviennent plus rares.

L. *Le drainage rend la terre plus apte à s'échauffer au contact des rayons solaires.* — Les gens de la pratique donnent à une terre mouillée la qualification de *terre froide.* Cette manière de s'exprimer, que nous avons vu tourner en dérision par de prétendus connaisseurs en agriculture, et le nombre en est grand, est cependant pleine de vérité, en même temps qu'elle témoigne de la plus profonde et de la plus judicieuse observation.

La terre, pour s'échauffer, n'utilise la chaleur que lui portent les rayons solaires, qu'après s'être débarrassée de la surabondance d'humidité qu'elle contenait. Or, cet excès d'humidité, c'est principalement par la vaporisation qu'elle s'en défait, et, comme cette vaporisation

---

la pièce de terre dont il s'agit, eût continué à couler, comme il le faisait le 3 mars, un peu moins de six jours et demi.

Voici, du reste, quelle est la composition minérale de cette terre, reposant sur un sous-sol marneux :

Gros sable et gravier sur 100 parties.	20,02
Sable fin.	50,00
Carbonate de chaux.	20,50
Argile et matière organique.	29,50

exige beaucoup de chaleur, il résulte de là que plus une terre est mouillée, moins elle profite de la chaleur qu'elle pourrait recevoir; que plus une terre est mouillée et plus longtemps elle reste froide (1).

Combattre cet excès d'humidité, c'est donc disposer la terre à s'échauffer plutôt au printemps, à être plus hâtive; c'est aussi la disposer à se refroidir plus tard à l'automne, à prêter à la maturation des fruits un concours plus prolongé, à se montrer munie de meilleures dispositions pour recevoir et pour favoriser les semailles de cette saison.

Qui n'a remarqué parmi nous la différence qui existe entre la fauche des prairies des *Graves* et celle des prairies des landes qui sont voisines? Cette différence est souvent de quinze jours, en faveur des premières, dont le sous-sol est très-perméable, et qui s'échauffent rapidement au printemps; tandis que les secondes doivent leur retard à un sous-sol complètement imperméable, qui retient l'eau de l'hiver, et ne permet son dégagement que par la vaporisation.

Qui ne sait également que, dans nos *Queyries*, la maturation de la vigne et par suite les vendanges, ont beaucoup gagné sous le rapport de la précocité, comparati-

---

(1) M. Pouillet établit que, pour produire une quantité de vapeur égale, en poids, à un gramme, il faut la même quantité de chaleur, capable d'élever, de 1 degré, la température de 550 grammes d'eau. (*Éléments de physique.*) En outre, M. Marchal, ingénieur des ponts et chaussées à Rouen, qui a exécuté de grands travaux de drainage dans la Seine-Inférieure, a également calculé que la vaporisation de 180,320 litres d'eau, qu'avait fournie un hectare de terre drainée, eût nécessité la combustion de 13,880 kilogr. de houille. (Voir aussi notre *Traité des terres cultivées*, p. 299; le *Manuel de drainage de M. Barral*, p. 683, etc.)

vement au siècle dernier, depuis les grands travaux d'assainissements effectués dans cette localité.

M. *Le drainage assure l'action de la capillarité, etc...* La capillarité est une propriété qu'ont les liquides de monter dans des tubes verticaux, à une hauteur d'autant plus grande que le diamètre de ces tubes est plus petit. Si ce diamètre a la finesse d'un cheveu, cette hauteur peut être considérable.

Cette propriété qui s'exerce dans certain corps, comme dans le sucre par exemple, d'une manière très-remarquable, a lieu aussi dans les terres, et c'est ainsi que, durant la saison des chaleurs et des sécheresses, l'eau des couches inférieures du sol parvient à la couche supérieure, entretient sa fraîcheur, fournit aux besoins des racines et empêche les plantes de se dessécher et de périr.

Une condition essentielle de l'accomplissement régulier de ce phénomène, c'est un ameublissement, une division tels de la couche active du sol, que les molécules de la terre qui le constitue, puissent se rapprocher assez entr'eux, pour former ces canaux fins et déliés que l'on peut comparer aux tubes capillaires. Or, nous avons vu que le drainage était un puissant moyen d'assurer l'ameublissement du sol.

D'un autre côté, la capillarité est grandement favorisée par l'absence d'une trop grande humidité préalable dans les tubes où elle s'opère : circonstance qui a encore une haute valeur et qui explique comment il se fait, qu'une pratique, qui a essentiellement pour but de tirer de l'eau de la terre, vient néanmoins en aide à cette même terre, quand il faut que celle-ci, desséchée à sa surface par le soleil et par les plantes qu'elle nourrit, appelle à son aide l'humidité des couches inférieures sur lesquelles elle repose.

Pour la terre drainée, ces couches commencent immédiatement au-dessous de la ligne qui marque le niveau des drains ; c'est-à-dire, beaucoup plus bas qu'on ne le voit ordinairement pour les autres terres. Néanmoins cela n'empêche pas qu'elle soit aussitôt parvenue aux racines des plantes, puisque dans cette même terre drainée, les racines descendent beaucoup plus bas.

Mais ici se manifeste encore un nouvel avantage. En provenant des couches plus inférieures du sol, l'eau que fait monter la capillarité a puisé, dans ces couches, des matières alimentaires que leur degré d'enfouissement avait jusque-là soustraites à l'action des plantes. Ces matières, elle a pu s'en charger, elle a pu les dissoudre, grâce à l'oxigène et aux autres agents de décomposition que les drains ont fait pénétrer jusqu'à cette profondeur, ainsi que nous allons le voir ci-après.

N. *Le drainage assainit l'air*. Tous les travaux d'égouttement, tous les moyens employés pour prévenir la stagnation de l'eau, sa disparition par le seul secours de l'évaporation, ne peuvent manquer de concourir à l'assainissement des contrées où sont faites de telles applications.

VII.

EFFETS CHIMIQUES DU DRAINAGE.

Il y a déjà assez longtemps que, frappé par les effets du drainage, nous avons pensé que ces effets n'étaient pas dûs uniquement à l'écoulement de l'eau surabondante, et que nous avons exprimé cette idée en qualifiant l'opération dont il s'agit, de *labour souterrain*.

Cette manière de voir, d'autres l'avaient eue également; et parmi ces derniers, nous sommes heureux de pouvoir citer des appréciateurs tels que M. Chevreul, M. Barral, etc...

Dans l'impossibilité de pouvoir encore préciser d'une manière complète tous les faits chimiques dont on soupçonne l'accomplissement dans le sein de la terre, par suite du drainage, nous chercherons au moins à les rattacher aux deux causes principales dont ils semblent plus particulièrement dépendre, et qui sont une : plus grande facilité offerte à la circulation de l'air dans la terre : une plus grande facilité aussi, offerte au renouvellement de l'eau dans cette même terre.

O. *Faits chimiques dépendants de la plus grande facilité qu'a l'air de pouvoir circuler dans les terres drainées.* — Lorsque nous labourons nos terres, lorsque nous leur donnons une façon quelconque, l'un des buts essentiels de ce travail, c'est de faciliter à l'air son introduction dans leur intérieur; c'est-à-dire, dans toute la partie de cette terre dont l'action, sur les plantes, est directe et immédiate. Ainsi s'explique en grande partie et d'une manière générale, la grande supériorité qu'ont les labours profonds sur ceux qui ne sont que superficiels.

Or, le drainage est aussi un moyen de faire pénétrer l'air dans la terre et à une très grande profondeur, puisque c'est par les tuyaux de drains que cette pénétration a lieu; ces tuyaux étant bien rarement complètement remplis par l'eau qu'ils débitent, et pouvant ainsi donner accès à un fluide extrêmement délié.

De la sorte, la terre se trouve en contact direct avec un des principaux agents de sa fécondité : à sa partie supérieure, par les travaux qu'on peut lui donner et, à sa partie inférieure, par les tuyaux de drains dont on l'a munie. D'où il résulte que, toute la couche comprise entre ces deux points, toute l'épaisseur que mesure la profondeur des drains, est réellement mise au service des plantes; que celles de leurs racines que la nature destine à la perception des aliments contenus dans la terre, peuvent remplir leur utile fonction dans toute cette épaisseur.

Pour saisir cette conséquence, il suffit de mentionner ici, sans de plus longs détails, que l'air, par l'un des principes qu'il contient, l'oxigène, assure l'entière décomposition des débris organiques, déjà existants dans le sol naturellement ou qui y ont été mises à titre d'engrais et par la main de l'homme; que cette décomposition, et par suite la conversion des principes en résultant, en matières solubles ou gazeuses, sont les conditions essentielles de l'usage que peuvent en faire les plantes, du concours avantageux qu'elles peuvent en retirer.

L'acide carbonique surtout, cette source capitale de l'existence végétale, est toujours réglé dans le sol, quant à sa quantité, par l'air qui a pu y pénétrer, puisqu'un des éléments constitutifs de cet acide est emprunté à l'air, l'oxigène.

Tous ces faits trouvent leur démonstration, entr'autres, dans une expérience fort curieuse faite en Angleterre, par M. Simon Hutchinson (1), sur un *drainage à courant d'air;* c'est-à-dire, sur un drainage dans lequel la libre circulation de l'air se trouvait assurée, au moyen d'une issue ménagée à chacune des extrémités des lignes de tuyaux.

Les produits de ce drainage, en grains et en turneps, comparés à ceux d'un drainage ordinaire, ont présenté une supériorité qu'exprime, à peu près, le rapport existant entre 1,5 et 1,0. La qualité en était aussi, supérieure.

P. *Faits chimiques dépendants de la plus grande facilité qu'à l'eau de pouvoir circuler dans les terres drainées.* Non-seulement, il ne faut pas que l'eau demeure en excès dans la couche de terre, où se passent les phénomènes

(1) Citée par M. Barral : *Manuel du drainage*, p. 660.

de la végétation ; mais encore il est fort essentiel que cette eau s'y renouvelle.

Si elle restait toujours la même, ceux des principes qu'elle renferme et qu'elle cède en totalité ou en partie aux matières organiques, pour achever leur décomposition, et à certaines matières minérales, pour modifier leur état primitif, seraient bientôt épuisés. Alors cette décomposition et ces changements se trouveraient suspendus, au grand désavantage de la végétation.

« Il y a, dit M. Chevreul, dans la pratique du drainage un fait digne d'attention, c'est le renouvellement de l'eau, qui détermine toujours l'introduction d'une certaine quantité d'air dans le sol; or, cette circonstance exerce une grande influence sur le bon résultat de la végétation. L'eau privée d'air qui séjourne dans le sol, y cause toujours des effets nuisibles, ainsi qu'on le remarque pour les arbres des boulevards de Paris, dont le milieu terrestre se trouve souvent dans des conditions telles, que l'air qui peut y pénétrer, a perdu son oxygène avant de pouvoir être absorbé par les racines : l'oxygène s'étant porté sur les matières organiques qui pénètrent dans le sol. « Ainsi le célèbre chimiste ne doute pas qu'un des grands avantages du drainage, ne tienne à la circulation de l'air qu'il établit entre l'atmosphère et le sol, au moyen du mouvement de l'eau.

Cette circulation, cette abondance d'air dans une zône de terre qui n'en recevait pas ordinairement les atteintes, donne lieu à une production d'acide carbonique plus considérable; ce qui devient extrêmement favorable aux plantes, soit qu'elles consomment directement cet acide, soit qu'elles se trouvent lui devoir la solution de sels terreux également indispensables à leur existence.

En recueillant l'eau des drains et la soumettant à l'analyse seulement qualitative, on peut facilement se convaincre de tous ces faits ; on peut s'assurer qu'en traversant la terre, elle a dû y rencontrer une grande abondance de matières solubles, puisqu'ella a pu se charger de plusieurs de ces matières, dans des proportious souvent très-notables.

Voici ce qui est résulté d'essais faits sur des eaux provenant d'un drain collecteur de la propriété de M. Ch. de Bryas.

RÉACTIFS.	EFFETS OBTENUS.	INDICATIONS RECUEILLIES.
Teinture de tournesol.	Rien.	Pas d'acide libre.
Oxalate d'ammoniaq.e	Trouble très-sensible.	Sels de chaux.
Nitrate de baryte. . .	Léger trouble.	Sulfates.
Nitrate d'argent. . . .	Trouble sensible.	Chlorures.

Bien qu'il n'y ait là que de simples indications, il paraît que des analyses complètes avaient pu faire concevoir quelques craintes, sur les pertes que pourraient faire les terres par l'éloignement des eaux de drains. M. Barral, que cette circonstance devait nécessairement préoccuper, après avoir cité et discuté tout ce que l'observation et l'expérience ont réuni jusqu'à ce jour sur ce sujet important, termine par les paroles qui suivent, la partie de son manuel relative à cet objet. « L'ensemble des faits que nous venons d'exposer, prouve que les matières fécondantes existantes ou amenées dans le sol ne sont pas enlevées, en proportion considérable, par les eaux qui s'écoulent des drains ; et, d'un autre coté, que l'air atmosphérique qui circule dans les sols drainés, se combinant avec les matières minérales et organiques, fournit aux plantes les matériaux les plus propres à leur nutrition ».

Juin 1855.

Une subvention ayant été accordée au département de la Gironde, par S. Exc. M. le Ministre de l'Agriculture, du Commerce et des Travaux publics, pour encourager le drainage, deux machines à fabriquer les tuyaux, furent achetées et M. le Préfet, par la note suivante, fit connaître le placement de ces machines et les conditions auxquelles s'étaient soumises ceux qui les avaient reçues.

Le concours annoncé le 15 Avril dernier pour la concession gratuite de deux machines à fabriquer des tuyaux de drainage, a eu lieu à la Préfecture le 30 du même mois, pardevant une Commission instituée par M. le Préfet de la Gironde.

L'une de ces machines a été concédée à M. Monsion, demeurant à Sadirac (arrondissement de Bordeaux), lequel s'engage à livrer ses produits à toute personne qui en fera la demande, à raison de 30 fr. par 1,000 tuyaux de 0^{m},06 de diamètre, et à raison de 25 fr. par 1,000 tuyaux de 0^{m},04 de diamètre.

Il s'engage en outre, à transporter les tuyaux, sans supplément de prix, à une distance de deux myriamètres de son usine.

La seconde machine a été adjugée à M. Nercam, demeurant à Fargues (arrondissement de Bazas), lequel s'oblige à livrer ses produits à raison de 40 fr. par 1,000 tuyaux de 0^{m},06 de diamètre, et à raison de 30 fr. par 1,000 tuyaux de 0^{m},04 de diamètre.

Chez les deux fabricants, les prix des manchons sera le cinquième du prix des tuyaux auxquels ils devront être adaptés.

Le Préfet de la Gironde, E. DE MENTQUE.

La Gironde compte en outre plusieurs autres fabriques de tuyaux de drainage, parmi lesquelles nous citerons : celles de MM. Clamageran et Roberty, au château de la Lambertie, près de Sainte-Foy; du château de Lagrange, à Saint-Laurent (Médoc); de M. Grimail, dans la même commune; de M. Robert à Eysines, etc.

Bordeaux. — Typographie de TH. LAFARGUE, libraire.

www.ingramcontent.com/pod-product-compliance
Lightning Source LLC
LaVergne TN
LVHW012023160826
845678LV00002B/986

* 9 7 8 2 3 2 9 6 5 0 4 1 8 *